BEI GRIN MACHT SICH IHR WISSEN BEZAHLT

- Wir veröffentlichen Ihre Hausarbeit, Bachelor- und Masterarbeit

- Ihr eigenes eBook und Buch - weltweit in allen wichtigen Shops

- Verdienen Sie an jedem Verkauf

Jetzt bei www.GRIN.com hochladen und kostenlos publizieren

Prozent- und Zinsrechnung. Mathematischer Einblick, Erklärung und Beispiele

Sascha Kästner

Bibliografische Information der Deutschen Nationalbibliothek:

Die Deutsche Nationalbibliothek verzeichnet diese Publikation in der Deutschen Nationalbibliografie; detaillierte bibliografische Daten sind im Internet über http://dnb.d-nb.de abrufbar.

ISBN: 9783668745407
Dieses Buch ist auch als E-Book erhältlich.

© GRIN Publishing GmbH
Nymphenburger Straße 86
80636 München

Alle Rechte vorbehalten

Druck und Bindung: Books on Demand GmbH, Norderstedt Germany
Gedruckt auf säurefreiem Papier aus verantwortungsvollen Quellen

Das vorliegende Werk wurde sorgfältig erarbeitet. Dennoch übernehmen Autoren und Verlag für die Richtigkeit von Angaben, Hinweisen, Links und Ratschlägen sowie eventuelle Druckfehler keine Haftung.

Das Buch bei GRIN: https://www.grin.com/document/432566

Prozent- und Zinsrechnung

Einführung und Grundregeln

Kurzzusammenfassung

In dieser Arbeit werden die grundlegenden Fakten zum Thema Prozente und Prozentrechnung aufgeführt und erklärt. Zu Beginn gibt es eine geschichtliche Einordnung dieses mathematischen Themengebietes. Dabei wird aufgeführt, wann das erste Mal Prozentrechnung angewendet wurde und woher der Begriff Prozent überhaupt stammt. Im Anschluß werden die wichtigsten Grundbegriffe der Prozentrechnung erläutert, bis hin zur eigentlichen Prozentrechnung. Der Rechenprozess wir über die allgemeine Grundformel und deren Umstellung, sowie über den Dreisatz und die Verhältnisgleichung erklärt.

Die Zinsrechnung wird, als eine Sonderform der Prozentrechnung, im Schlussteil der Arbeit aufgeführt. Dabei wird der Begriff Zinsen definiert, genau wie die wichtigsten Grundbegriffe und deren Zusammenhang mit der Prozentrechnung. Die Berechnung des Jahres-, Monats- sowie Tageszinses und die des Zinseszins bilden den Schluß der Arbeit.

Abstract

This scientific work shows the basic facts of percentage. At first you get an introduction to the history of percentage. When was the first first historical reference or who use the term percent first at first? These questions are answered. Also the most important basic concepts of percentage will be explained. You get an review of the basic formula, the rule of three and the relationship equation.

In the final part are shown some facts about interest and calculation of interest. The calculation of interest is related to percentage. At the end this scientific work shows the calculation of daily interest rate, monthly interest rate, APR[1] and compound interest.

---

[1] annual percentage rate

Inhaltsverzeichnis

1. Abkürzungsverzeichnis	4
2. Einleitung	5
3. Geschichtliche Entwicklung	5
3.1 Entwicklung der Prozent- und Zinsrechnung	5
3.2 Entwicklung des Prozentzeichens	6
4. Begriff Prozent	6
5. Prozentrechnung	7
5.1 Theoretische Grundlagen	7
5.2 Grundbegriffe der Prozentrechnung	8
5.2.1 Grundwert	8
5.2.2 Prozentsatz	8
5.2.3 Prozentwert	9
5.3 Die drei Grundformeln	9
5.3.1 Berechnung des Grundwertes	9
5.3.2 Berechnung des Prozentsatzes	10
5.3.3 Berechnung des Prozentwertes	10
5.4 Der Dreisatz	11
5.5 Verhältnisgleichung	12
6. Zinsrechnung	12
6.1 Grundbegriffe der Zinsrechnung	12
6.1.1 Zinsen	12
6.1.2 Grundbegriffe für die Zinsrechnung	13
6.2 Formeln der Zinsrechnung	13
6.2.1 Berechnung des Jahreszins	13
6.2.2 Berechnung des Monatszins	13
6.2.3 Berechnung des Tageszins	14
6.2.4 Berechnung der Zinstage	14
6.3 Zinseszins	14
7. Fazit	15
8. Literaturverzeichnis	16

1. Abkürzungsverzeichnis

G   Grundwert
p   Prozentsatz
W   Prozentwert
Z   anfallende Zinsen
p%   Zinssatz
K   Kapital
i   Jahr
m   Monat
t   Tag
K_0 Anfangskapital
K_n Endkapital
n   Laufzeit

2. Einleitung

„Ich gebe immer 100%!", „Er hat einen Gutschein, mit dem er 10% Nachlass erhält." oder „Ich habe nur noch 30% Akku." Wer kennt diese Aussagen nicht? Das Gebiet der Prozente und Prozentrechnung ist ein wichtiges Thema in der Mathematik und auch im Alltag. Die Alltagsrelevanz dieses mathematischen Teilgebietes begegnet den Menschen in Gesprächen, in Zeitungen oder auch in Nachrichtensendungen. Genau aus diesem Grund nimmt die Prozentrechnung auch im Mathematikunterricht eine wichtige Rolle ein.

Der Ausdruck in Prozent kann in vielerlei Hinsicht verwendet werden. Die Angabe in Prozent stellt Verhältnisse auf, sie ist ebenfalls ein Maß oder auch ganz einfach und allgemein gesehen, eine Zahl. So ist 1% nichts anderes als die Zahl 0,01.

Mit dieser Arbeit soll nicht nur einen Einblick in die Prozent- und Zinsrechnung gegeben werden, sondern auch kurz die geschichtliche Entwicklung beleuchtet, die Notwendigen Grundbegriffe geklärt und versucht werden, eine Definition dafür zu geben, was Prozente sind.

3. Geschichtliche Entwicklung

3.1 Entwicklung der Prozent- und Zinsrechnung

Die älteste Forme der Prozentrechnung entstand vermutlich um ca. 2100 v. Chr. in Babylon. Die Babylonier gaben zu jener Zeit bereits Zinsen auf bestimmte Waren. Die Zinssätze dafür, waren in Form einfacher Brüche. Lieh sich beispielsweise jemand Getreide, so konnte der Zinssatz $\frac{1}{3}$ der geliehenen Menge an Getreide sein. Das bedeutete, dass das geliehene Getreide in 3 gleiche Teile zerlegt wurde und als Zinsen war die Menge zu zahlen, welche einem der 3 Teile entsprach. Dies könnte man als früheste Form der Prozent- und Zinsrechnung ansehen, obwohl es sich nur um additive Verfahren handelt, welche lediglich auf der Äquivalenz von Mengen beruhen.

Im späteren Verlauf der Geschichte, von ca. 300 bis 200 v. Chr., tauchten auch Berechnungen von Zinsen und Zöllen auf, welche bereits auf dem Nenner 100 beruhen und somit der Prozentrechnung entsprechen.[2]

Ab dem 13. Jahrhundert wurden Zinsangaben in Italien zunehmend mit dem Nenner 100 notiert. Die Bezeichnung Prozent wird ebenfalls vom italienischen *percento* abgeleitet. Das

---

[2] Parker, Melanie, Leinhardt, Gaea (Hg.), *Percent: A Privileged Proportion*, in: *Review of Educational Research 65*, American Educational Research Association, 1995, S. 431-432.

bedeutet übersetzt *pro hundert*. Die früheste Aufzeichnung des Begriffes *percento* stammt aus dem Jahr 1481.[3]

Ab ca. 1860 hat sich die Prozentrechnung dann zu ihrer endgültigen Form entwickelt, in welche wir sie heute noch gebrauchen.[4]

3.2 Entwicklung des Prozentzeichens

Das Prozentzeichen „%" stammt ebenfalls aus Italien. Ursprünglich verwendete man die Worte *pro* cento. Diese verschmolzen jedoch mit der Zeit immer mehr zu Abkürzungen wie *p. c.*, *p. cento* oder auch *p 100*. Im 19. Jahrhundert wurde die Symbolschreibweise mit dem schrägen Bruchstrich, wie es zu dieser Zeit üblich war, eingefügt „%".[5]

4. Begriff Prozent

Um die Prozentrechnung besser verstehen zu können, sollte man im Vorfeld klären, was man unter dem Begriff Prozent überhaupt versteht. Eine allgemeine Definition „Ein Prozent ist ..." gibt es leider nicht, da sich Prozente nicht eindeutig einordnen lassen. Hier sind 4 mögliche Deutungen dafür, was Prozent sein kann:

1. **Prozent ist eine Zahl:** eine Prozentangabe ist nichts anderes als ein Bruch, welcher am Ende in einer Dezimalzahl dargestellt werden kann.
   z. B. $75\% = \frac{75}{100} = \frac{3}{4} = 0{,}75$
2. **Prozent ist eine statische Angabe oder Funktion:** man kann zwar eine Prozentzahl in eine Dezimalzahl umwandeln, jedoch geht dies umgekehrt nicht.
   z. B. 6,5 könnte man, ohne eine Bezugsgröße, nicht in eine Prozentzahl umwandeln
3. **Prozent als intensive quantity:** dabei geht man davon aus, dass sich bestimmte Größen in Verhältnisse zueinander setzen, wie beispielsweise km/h oder m/s. Die Prozente lassen sich auch in solche Verhältnisse einordnen.
   z. B. 20% von 100% bzw. 20% / 100%

---

[3] Parker, Melanie, Leinhardt, Gaea (Hg.), *Percent: A Privileged Proportion*, in: *Review of Educational Research 65*, American Educational Research Association, 1995, S. 432.

[4] ebd., S. 434.

[5] Tropfke, Johannes (Hg.), *Geschichte der Elementar-Mathematik*, 4. Auflage, Berlin: de Gruyter, 1980, S. 531.

4. **Prozent als Bruchteil oder Verhältnis**: bei einem **Bruchteil** ist es wichtig, dass die Prozentsätze nicht größer als 100 % sind und bei einem **Verhältnis** muss gegeben sein, dass W kleiner um p% ist als G.

    z. B. ein **Bruchteil** ist ein kleiner Teil von etwas, so sind 30% auch nur ein Teil vom Ganzen

Man kann also keine eindeutige Antwort auf die Frage geben, was Prozent nun genau ist. Es gibt eine Vielzahl an Deutungen und Beschreibungen aber keine allgemein gültige Definition. Was man jedoch sagen kann ist, dass alle Interpretationen eine Relation zwischen zwei Größen als Grundlage haben.[6]

5. Prozentrechnung

5.1 Theoretische Grundlagen

Die Prozentrechnung befasst sich mit dem Rechnen mit Prozenten. Prozente geben ein Verhältnis zwischen zwei Größen in Hundertsteln an. Eine Prozentangabe erkennt man an dem „%" hinter der Zahl. Spricht man von 1% so bedeutet das ein Hundertstel oder als Dezimalzahl 0,01. Teilt man eine Prozentzahl durch 100 ergibt dies die jeweilige Dezimalzahl. Eine Prozentangabe wird dafür verwendet um einen Anteil an etwas Ganzen anzugeben.

Man könnte sagen, dass das Prozentzeichen auch als Division durch 100 verstanden werden kann. Ein Wert *x Prozent* kann somit auch als *x Hundertstel* gesehen werden. Mit folgender Formel soll dies veranschaulicht werden:

$$x\% = \frac{x}{100}$$

Setz man in diese Formel nun den Zahlenwert 60 ein, sieht es wie folgt aus:

$$60\% = \frac{60}{100} = \frac{3}{5} = 0{,}6$$

---

[6] Parker, Melanie, Leinhardt, Gaea (Hg.), *Percent: A Privileged Proportion*, in: *Review of Educational Research 65*, American Educational Research Association, 1995, S. 445.

5.2 Grundbegriffe der Prozentrechnung

Grundlegend für Prozentrechnung sind in allen Formeln die Begriffe Prozentsatz, Prozentwert und Grundwert. Bei jeder Prozentrechnung spielen diese eine wichtige Rolle. Die beiden Begriffe Prozentwert und Grundwert haben immer dieselbe Einheit. Der Prozentsatz ist hingegen eine einfache Zahl. Diese drei Begriffe stehen in einem festen Zusammenhang zueinander. Ausgehend von einer Aufgabenstellung ist zum Beispiel der Grundwert, der Prozentwert oder auch der Prozentsatz gesucht.

5.2.1 Grundwert

Der Grundwert ist meistens benannt mit beispielsweise Euro (€), Kilogramm (kg), Meter (m) oder Ähnlichem. Der Grundwert entspricht 100 Hundertsteln, also dem Ganzen oder 100%. Der Grundwert steht in folgendem Zusammenhang mit dem Prozentwert W und dem Prozentsatz p[7]:

$$Grundwert = \frac{Prozentwert}{Prozentsatz}$$

$$G = \frac{W}{p}$$

5.2.2 Prozentsatz

Der Prozentsatz ist die Angabe eines Teils von 100. Es sagt aus, wie viel Prozent, also wie viel Hundertstel man von etwas ermitteln will. Die Formel für den Prozentsatz sieht wie folgt aus:

$$Prozentsatz = \frac{Prozentwert}{Grundwert}$$

$$p = \frac{W}{G}$$

---

[7] Bibliographisches Institut, *Schüler-Mathematikduden,* Band 1, 3. Auflage Mannheim: 1972.

5.2.3 Prozentwert

Der Prozentwert ist ein Teil des Ganzen, also ein Teil des Grundwertes. Das bedeutet, dass der Grundwert und der Prozentwert immer die gleiche Einheit haben. W kann kleiner oder auch größer als G sein. Der Prozentwert errechnet sich nach folgender Formel:

$Prozentwert = Grundwert * Prozentsatz$

$W = G * p$

5.3 Die drei Grundformeln

Wie bereits im obern Teil erwähnt, spielen die Größen Grundwert, Prozentsatz und Prozentwert eine wichtige Rolle bei der Prozentrechnung. Je nach Aufgabe und Sachverhalt wird eine dieser Größen berechnet. Im Grunde geht man von einer Verhältnisgleichung aus, welche man nach der gesuchten Größe umstellt. Diese Verhältnisgleichung lautet wie folgt:

$$\frac{Prozentwert}{Grundwert} = \frac{Prozentsatz}{100\,\%}$$

Genaueres zur Verhältnisgleichung im Punkt 5.5 Verhältnisgleichung. Hat man in einer Aufgabe 2 Werte gegeben, so kann man diese Verhältnisgleichung einfach zur gesuchten Größe umstellen.

5.3.1 Berechnung des Grundwertes

$$Grundwert = \frac{Prozentwert}{Prozentsatz}$$

$G = \frac{W}{p}$

Mit dieser Formel kann man den Grundwert berechnen. Angenommen eine Aufgabe würde lauten: *Von welchem Gewicht sind fünf kg vier Prozent?*, dann würde man die gegebene Werte einfach in die Formel einsetzen.

$$G = \frac{W}{p} = \frac{5kg}{4\%} = 125 \ kg$$

Da der Grundwert immer die gleiche Einheit wie der Prozentwert haben muss, wäre das Ergebnis 125 kg.[8]

5.3.2 Berechnung des Prozentsatzes

$$Prozentsatz = \frac{Prozentwert}{Grundwert}$$

$$p = \frac{W}{G}$$

So lautet die Formel für die Berechnung des Prozentsatzes. Der p wird immer in Prozent angegeben. Würde man folgende Aufgabe lösen wollen: *Wieviel Prozent sind vier km von 20 km?*, dann müsste man die Werte nur einsetzen:

$$p = \frac{W}{G} = \frac{4}{20} = \frac{1}{5} = \frac{20}{100} = 20\%$$

In diesem Fall würden wir einen Prozentsatz von 20 % erhalten.[9]

5.3.3 Berechnung des Prozentwertes

Bei der Berechnung des Prozentwertes soll eine Menge ermittelt werden, welche äquivalent zu einer Teilmenge des Grundwertes ist. Diese Rechenweise stimmt mit der Vorgehensweise der Babylonier grundlegend überein. In unserem Fall wird eine Menge in 100 gleiche Teile aufgeteilt und der gewünschte Anteil wird äquivalent abgemessen. Man könnte also sagen, dass die Berechnung des Prozentwertes die älteste Formel ist.

*Prozentwert = Grundwert * Prozentsatz*

---

[8] Weber, Manfred; Dommermuth, Thomas; Hauer, Michael, *Kaufmännisches* Rechnen, 2. Auflage, Freiburg: Haufe Lexware GmbH & Co. KG, 2012, S. 22-24.

[9] Weber, Manfred; Dommermuth, Thomas; Hauer, Michael, *Kaufmännisches* Rechnen, 2. Auflage, Freiburg: Haufe Lexware GmbH & Co. KG, 2012, S. 22-24.

$W = G * p$

Ein Beispiel hierfür wäre die folgende Aufgabe: *Wieviele Äpfel sind 30% von 120 Äpfeln?* Auch hier setzt man nun die gegeben Zahlenwerte in die oben stehende Formel ein:

$W = G * p = 120\ Ä * 30\% = 120\ Ä * \frac{3}{100} = 120\ Ä * 0{,}3 = 36\ Ä$

Der Prozentwert hat die gleiche Einheit wie der Grundwert und somit ist das Ergebnis 36 Äpfel.[10]

5.4 Der Dreisatz

Neben den drei Grundformeln gibt es noch weitere Möglichkeiten der Prozentrechnung. Eine Möglichkeit ist der Dreisatz. Mit dem Dreisatz kann, auch über die Prozentrechnung hinaus, aus drei gegebenen Größen eine vierte Größe errechnet werden. Die einzige Voraussetzung ist, dass die Größen proportional zueinander sind. Die Vorgehensweise erklärt an einem Beispiel zur Berechnung des Prozentsatzes:

„Ich habe 80,-€. Wieviel Prozent davon sind 24,-€?"

<u>Erster Schritt:</u> Finden und Aufschreiben der gegebenen Größen
80,-€ = 100%

<u>Zweiter Schritt:</u> man muss von der „Vielheit" auf die „Einheit" schließen
80,-€ = 100%
1,-€ = 1,25%

<u>Dritter Schritt:</u> mann muss die „Einheit" nun auf die neue „Vielheit" umrechnen
1,-€ = 1,25%
24,-€ = 30%

---
[10] ebd, S. 22-23.

Es ergibt sich somit der Wert der gesuchten Größe.[11]

5.5 Verhältnisgleichung

Eine weitere Methode für die Prozentrechnung ist die Verhältnisgleichung. In dieser Gleichung werden die gegeben Größen im Wert und die gesuchte Größe als Variable angegeben. Die Verhältnisgleichung wird dann zur gesuchten Größe umgestellt. Hierbei gibt es nicht nur eine korrekte Lösungsweg. Auf das Beispiel des Dreisatzes bezogen würde dies wie folgt aussehen:

$$\frac{40}{80} = \frac{X}{100} \quad oder \quad \frac{80}{100} = \frac{40}{X} \quad oder \quad \frac{100}{80} = \frac{X}{40} \quad usw.$$

Die Gleichung müsste nun noch zur Variable umgestellt werden.[12]

6. Zinsrechnung

„Die Zinsrechnung ist eine Weiterentwicklung der Prozentrechnung. Als neuer Faktor kommt die Zeit hinzu. Sie kann in Jahren (i), Monaten (m) oder in Tagen (t) angegeben werden."[13]

6.1 Grundbegriffe der Zinsrechnung

6.1.1 Zinsen

Das Wort Zinsen stammt vom lateinischen Wort census ab, welches „Abschätzung" bedeutet. Zinsen sind ein Entgelt für die befristete Überlassung von Kapital oder auch Sachen. Heute wird der Begriff Zinsen hauptsächlich in der Wirtschaft oder bei wirtschaftlichen Angelegenheiten verwendet. Bei Kapitalgeschäften, in denen Geld

---

[11] Serlo Education, Dreisatz, URL: https://de.serlo.org/mathe/zahlen-groessen/proportionalitaet-dreisatz/dreisatz, 12.12.2017

[12] Smart, James R., *The Teaching of Percent Problems*, in: School Science and Mathematics Ausgabe 80, Birmingham: School Science and Mathematics Assosiation, 1980, S. 187-192.

[13] Weber, Manfred; Dommermuth, Thomas; Hauer, Michael, *Kaufmännisches* Rechnen, 2. Auflage, Freiburg: Haufe Lexware GmbH & Co. KG, 2012, S. 27

verliehen wird, entstehen Zinsen. Gibt jemand Kapital an die Bank oder einen Dritten, dann kann dieser dafür Zinsen verlangen und umgekehrt muss er Zinsen zahlen, wenn er sich Geld leiht. Zinsen sind also nichts anderes als eine Miete für das überlassene Kapital.

6.1.2 Grundbegriffe für die Zinsrechnung

Da die Zinsrechnung eine Weiterentwicklung der Prozentrechnung ist, werden die Begriffe Grundwert, Prozentsatz und Prozentwert nun durch folgende Begriffe ersetzt:

Grundwert wird zu Kapital (K),

Prozentsatz wird zu Zinssatz (p),

Prozentwert wird zu Zinsen (Z) und

zusätzlich kommt die Zeit in Jahr (i), Monat (m) und Tag (t) dazu.

6.2 Formeln der Zinsrechnung

Wie bereits gesagt, sind Zinsen das Entgelt für ein überlassenes Kapital. Die Höhe der Zinsen ist abhängig von der Summe des Kapitals, dem Zinssatz und der Laufzeit. Die Zinsen kann man nach Jahren, Monaten und Tagen berechnen. Dabei spricht man vom Jahreszins, Monatszins und Tageszins.

6.2.1 Berechnung des Jahreszins

Unter Jahreszins versteht man den Ertrag, welchen man mit seinem Kapital und der Höhe des Zinssatzes in der Laufzeit erarbeitet hat.

Der Jahreszins berechnet sich wie folgt[14]:
$$Z = \frac{K * p * i}{100}$$

6.2.2 Berechnung des Monatszins

Möchte man den monatlichen Ertrag errechnen, so errechnet man den Monatszins.

Der Monatszins berechnet sich wie folgt[15]:
$$Z = \frac{K * p * m}{100 * 12}$$

---

[14] Weber, Manfred; Dommermuth, Thomas; Hauer, Michael, *Kaufmännisches* Rechnen, 2. Auflage, Freiburg: Haufe Lexware GmbH & Co. KG, 2012, S. 28.

[15] ebd., S. 28.

6.2.3 Berechnung des Tageszins

Der Tageszins ist der Ertrag aus der Anzahl der angelegten Tage.
Der Tageszins berechnet sich wie folgt[16]:
$$Z = \frac{K * p * t}{100 * 360}$$

6.2.4 Berechnung der Zinstage

Bei den Zinstagen gibt es in Deutschland zwei Unterschiede. Privatpersonen und Behörden rechnen das Jahr mit 365 Tagen und dabei haben alle Monate ihre genaue Tagesanzahl. Kaufleute hingegen rechnen mit 30 Tagen pro Monat und somit mit 360 Tagen im Jahr.[17]

6.3 Zinseszins

„Bei der Zinseszinsrechnung werden das Kapital und die gut geschriebenen Zinsen verzinst."[18] Hier ein Beispiel um dies zu verdeutlichen, wenn man eine Laufzeit von 3 Jahren , einen Zinssatz von 5% und einen ein Anfangskapital von 200.000,-€ hat.

Jahresanfang 1. Jahr	200.000,-€
+ Zinsen 5%	10.000,-€
Jahresanfang 2. Jahr	210.000,-€
+ Zinsen 5%	10.500,-€
Jahresanfang 3. Jahr	220.500,-€
+ Zinsen 5%	11.025,-€
Jahresende 3. Jahr	231.525,-€

Für die Berechnung des Zinseszins gibt es folgende Formel: $K_n = K_0 * (1 + \frac{p}{100})^n$

---

[16] ebd., S. 29.

[17] ebd., S. 29.

[18] Weber, Manfred; Dommermuth, Thomas; Hauer, Michael, *Kaufmännisches* Rechnen, 2. Auflage, Freiburg: Haufe Lexware GmbH & Co. KG, 2012, S. 35.

7. Fazit

Die Prozentrechnung hat sich über Jahrtausende entwickelt und ist heute ein fester Bestandteil in Schule, Wirtschaft, Alltag und vielen weiteren Bereichen geworden. Unbewusst benutzt jeder die Prozente und die Prozentrechnung jeden Tag und sei es nur bei der Akkuanzeige am Smartphone.

Betrachtet man die Wirtschaft und alle Kapitalgeschäfte der Welt, dann kommt man ohnehin nicht an der Prozentrechnung vorbei. Zinsen sind hier das Schlagwort. Die Zinsrechnung ist nichts als eine Weiterentwicklung der Prozentrechnung.

Aus diesen Gründen ist es wichtig, dass jeder Einzelne die Prozentrechnung, zumindest in den Grundzügen, beherrschen sollte.

8. Literaturverzeichnis

Bibliographisches Institut (Hg.), *Schüler-Mathematikduden*, Band 1, 3. Auflage Mannheim: 1972.

Parker, Melanie, Leinhardt, Gaea (Hg.), *Percent: A Privileged Proportion*, in: *Review of Educational Research 65*, American Educational Research Association, 1995, S. 421-481.

Serlo Education, Dreisatz, URL: https://de.serlo.org/mathe/zahlen-groessen/proportionalitaet-dreisatz/dreisatz, 12.12.2017.

Smart, James R. (Hg.), *The Teaching of Percent Problems*, in: School Science and Mathematics Ausgabe 80, Birmingham: School Science and Mathematics Assosiation, 1980, S. 187-192.

Tropfke, Johannes (Hg.), *Geschichte der Elementar-Mathematik*, 4. Auflage, Berlin: de Gruyter, 1980.

Weber, Manfred; Dommermuth, Thomas; Hauer, Michael (Hg), *Kaufmännisches* Rechnen, 2. Auflage, Freiburg: Haufe Lexware GmbH & Co. KG, 2012.

BEI GRIN MACHT SICH IHR WISSEN BEZAHLT

- Wir veröffentlichen Ihre Hausarbeit, Bachelor- und Masterarbeit

- Ihr eigenes eBook und Buch - weltweit in allen wichtigen Shops

- Verdienen Sie an jedem Verkauf

Jetzt bei www.GRIN.com hochladen und kostenlos publizieren